上海市工程建设规范

外墙内保温系统应用技术标准
(泡沫玻璃板)

Technical standard for application of external wall interior thermal insulation system (cellular glass board)

DG/TJ 08—2390C—2023
J 13339—2023

主编单位:上海建科检验有限公司
同济大学
批准部门:上海市住房和城乡建设管理委员会
施行日期:2023 年 12 月 1 日

同济大学出版社

2024 上海

图书在版编目(CIP)数据

外墙内保温系统应用技术标准. 泡沫玻璃板 / 上海建科检验有限公司，同济大学主编. —上海：同济大学出版社，2024.4

ISBN 978-7-5765-1093-5

Ⅰ. ①外… Ⅱ. ①上… ②同… Ⅲ. ①建筑物—外墙—保温板—技术标准—上海 Ⅳ. ①TU55-65

中国国家版本馆 CIP 数据核字(2024)第 055458 号

外墙内保温系统应用技术标准(泡沫玻璃板)

上海建科检验有限公司
同济大学　主编

责任编辑　朱　勇
责任校对　徐春莲
封面设计　陈益平

出版发行　同济大学出版社　www.tongjipress.com.cn
（地址：上海市四平路 1239 号　邮编：200092　电话：021－65985622）
经　　销　全国各地新华书店
印　　刷　浦江求真印务有限公司
开　　本　889mm×1194mm　1/32
印　　张　2.125
字　　数　53 000
版　　次　2024 年 4 月第 1 版
印　　次　2024 年 4 月第 1 次印刷
书　　号　ISBN 978-7-5765-1093-5
定　　价　25.00 元

上海市住房和城乡建设管理委员会文件

沪建标定〔2023〕275 号

上海市住房和城乡建设管理委员会
关于批准《外墙内保温系统应用技术标准(泡沫玻璃板)》为上海市工程建设规范的通知

各有关单位:

由上海建科检验有限公司、同济大学主编的《外墙内保温系统应用技术标准(泡沫玻璃板)》,经我委审核,现批准为上海市工程建设规范,统一编号为 DG/TJ 08—2390C—2023,自 2023 年 12 月 1 日起实施。原《泡沫玻璃板保温系统应用技术规程》(DG/TJ 08—2193—2016)同时废止。

本标准由上海市住房和城乡建设管理委员会负责管理,上海建科检验有限公司负责解释。

上海市住房和城乡建设管理委员会

2023 年 6 月 1 日

前　言

根据上海市住房和城乡建设管理委员会《关于印发〈2020 年上海市工程建设规范、建筑标准设计编制计划〉的通知》（沪建标定〔2019〕752 号）的要求，本标准由以上海建科检验有限公司、同济大学为主编单位的编制组经过深入调研，试验验证，总结实践经验，并在广泛征求各方意见的基础上修订而成。

本标准主要内容有：总则；术语；系统及系统组成材料；设计；施工；质量验收。

本次修订的主要内容包括：

1. 删除了原规程第 3 章中泡沫玻璃板外墙外保温系统及相关性能要求，调整了第 3 章中泡沫玻璃板外墙内保温系统性能指标；调整了泡沫玻璃板材料的主要性能指标；增加了粘结石膏、粉刷石膏等材料的主要性能指标。

2. 第 3 章增加了屋面保温构造用双组分聚氨酯胶粘剂和单组分改性沥青基胶粘剂的性能要求。

3. 第 4 章增加了应用于屋面基层为压型金属板的保温构造及应用于辐射供暖系统的保温构造，调整了热工计算取值。

4. 第 5 章修改了部分施工要求。

5. 第 6 章修改了验收项目和验收要求。

各单位及相关人员在执行本标准过程中，如有意见和建议，请反馈至上海市住房和城乡建设管理委员会（地址：上海市大沽路 100 号；邮编：200003；E-mail：shjsbzgl@163.com），上海建科检验有限公司（地址：上海市申富路 568 号；邮编：201108；E-mail：yuepeng@sribs.com），上海市建筑建材业市场管理总站（地址：上海市小木桥路 683 号；邮编：200032；E-mail：shgcbz@163.com），以供今后修订时参考。

主 编 单 位:上海建科检验有限公司
同济大学

参 编 单 位:上海市建筑材料行业协会
浙江振申绝热科技股份有限公司
德和科技集团股份有限公司
匹兹堡康宁(烟台)保温材料有限公司
徐汇区建设工程质量监督站
同纳检测认证集团有限公司
上海永丽节能材料有限公司
上海宏诺建筑科技有限公司
海能发防腐保温工程有限责任公司
嘉兴市澳太新型建筑材料有限公司
江苏德和绝热科技有限公司
海门市博盛保温材料有限公司
上海正康建设工程有限公司

主要起草人:岳 鹏 徐 颖 张永明 苏 俊 石 泉
寇玉德 黄 静 张弥宽 兰彬安 张春华
管金国 陶娅龄 杨春潮 许克超 刘 勇
张永福 唐家雄 张 宏 章国强 陈 宇
于 龙 钱 平 张志豪 张 虹 梁 旭
胥元华

主要审查人:王宝海 徐 强 沈孝庭 林丽智 周 东
张德明 古小英

上海市建筑建材业市场管理总站

目　次

Contents

1 总 则

1.0.1 为规范泡沫玻璃板外墙内保温系统在房屋建筑节能工程中的应用，提高建筑围护结构热工性能，提升室内舒适度，降低建筑使用能耗，满足节能工程性能要求，确保工程安全和质量，制定本标准。

1.0.2 本标准适用于新建、扩建、改建的民用建筑外墙内保温、屋面和楼地面等节能工程的设计、施工与验收。既有建筑节能改造工程在技术条件相同时也可适用，工业建筑节能工程在技术条件相同时也可适用。

1.0.3 本系统在房屋建筑节能工程中的应用，除应执行本标准外，尚应符合国家、行业和本市现行有关标准的规定。

2 术 语

2.0.1 泡沫玻璃板外墙内保温系统 interior thermal insulation system on external walls based on cellular glass board

由泡沫玻璃板、胶粘剂或粘结石膏、抹面胶浆或粉刷石膏、耐碱涂覆中碱玻璃纤维网格布及饰面材料等组成，用于建筑物外墙内侧，与基层墙体采用粘结方式，必要时采用锚栓、金属托架等机械固定的保温构造（以下简称"内保温系统"）。

2.0.2 泡沫玻璃板 cellular glass board

由碎玻璃、石英砂、发泡剂、改性添加剂等经球磨、高温发泡、退火及切割制成的无机不燃闭孔轻质保温板材。

2.0.3 胶粘剂 adhesive

由水泥、高分子聚合物胶粉、细集料、功能性助剂等组成，在工厂预拌的单组分干混砂浆，用于粘贴泡沫玻璃板，现场按比例加水搅拌均匀后使用。

2.0.4 粘结石膏 gypsum binders

由半水石膏（$CaSO_4 \cdot 1/2H_2O$）和Ⅱ型无水硫酸钙（Ⅱ型$CaSO_4$）单独或二者混合后作为主要胶凝材料，掺入其他添加剂组成，用于泡沫玻璃板与基层墙体内侧粘结的石膏类胶粘剂。

2.0.5 抹面胶浆 plaster mortar

由水泥、可再分散乳胶粉、填料和其他添加剂组成的单组分聚合物干混砂浆。

2.0.6 粉刷石膏 gypsum plaster

由半水石膏（$CaSO_4 \cdot 1/2H_2O$）和Ⅱ型无水硫酸钙（Ⅱ型$CaSO_4$）单独或二者混合后作为主要胶凝材料，掺入其他添加剂组成，用于外墙内侧的抹面层材料。

2.0.7 耐碱涂覆中碱玻璃纤维网格布 the type of glass-fiber mesh having alkali-resistance

用于系统抹面层中，以中碱玻璃纤维网格布为基布，表面经高分子材料耐碱涂覆处理的玻璃纤维网格布（以下简称“耐碱涂覆网布”）。

3 系统及系统组成材料

3.1 一般规定

3.1.1 系统组成材料应由系统产品供应商统一提供。

3.1.2 用于内保温系统的组成材料应符合现行国家标准《建筑材料放射性核素限量》GB 6566 的相关规定。

3.1.3 在判定测定值或其计算值标准规定时，应将测试所得的测定值或其计算值与标准规定的极限数值作比较，采用现行国家标准《数值修约规则与极限数值的表示和判定》GB/T 8170 中规定的修约值比较法。

3.2 性能要求

3.2.1 内保温系统的性能指标应符合表 3.2.1 的要求。

表 3.2.1 内保温系统性能指标

项 目	性能指标	试验方法
热阻	符合设计要求	GB/T 13475
系统拉伸粘结强度(MPa)	≥0.10	JGJ 144
抗冲击性	≥10 次	JG/T 159
吸水量[1](kg/m^2)	系统在水中浸泡 1 h 后的吸水量应小于 1.0	JGJ 144
抹面层不透水性[1]	2 h 不透水	JGJ 144
防护层水蒸气渗透阻[1]	符合设计要求	JGJ 144

注：1 内保温系统仅用于厨房、卫生间等潮湿环境时，吸水量、抹面层不透水性和防护层水蒸气渗透阻应满足表 3.2.1 的规定。

3.2.2 泡沫玻璃板表面应平整，性能指标应符合现行行业标准《泡沫玻璃绝热制品》JC/T 647 中的要求，且应符合表 3.2.2 的要求。

表 3.2.2 泡沫玻璃板性能指标

<table>
<tr><td colspan="3" rowspan="2">项 目</td><td colspan="2">性能指标</td><td rowspan="2">试验方法</td></tr>
<tr><td>Ⅰ型</td><td>Ⅱ型</td></tr>
<tr><td rowspan="5">尺寸允许偏差(mm)</td><td rowspan="2">长度和宽度</td><td>≥300</td><td colspan="2">±3</td><td rowspan="5">GB/T 5486</td></tr>
<tr><td><300</td><td colspan="2">±2</td></tr>
<tr><td colspan="2">厚度</td><td colspan="2">0～+2</td></tr>
<tr><td colspan="2">最大弯曲度</td><td colspan="2">≤2</td></tr>
<tr><td colspan="2">垂直度偏差[1]</td><td colspan="2">≤3</td></tr>
<tr><td colspan="3">密度(kg/m^3)</td><td>≤140</td><td>≤160</td><td>GB/T 5486</td></tr>
<tr><td colspan="3">导热系数(平均温度 25℃)[2] [W/(m·K)]</td><td>≤0.044</td><td>≤0.055</td><td>GB/T 10294 或 GB/T 10295</td></tr>
<tr><td colspan="3">抗压强度(MPa)</td><td>≥0.50</td><td>≥0.70</td><td rowspan="5">JC/T 647</td></tr>
<tr><td colspan="3">抗折强度(MPa)</td><td>≥0.45</td><td>≥0.60</td></tr>
<tr><td colspan="3">透湿系数[ng/(Pa·s·m)]</td><td>≤0.007</td><td>≤0.025</td></tr>
<tr><td colspan="3">垂直于板面的抗拉强度(MPa)</td><td colspan="2">≥0.15</td></tr>
<tr><td colspan="3">吸水量(kg/m^2)</td><td colspan="2">≤0.3</td></tr>
<tr><td colspan="3">体积吸水率(浸水 48 h)(%)</td><td colspan="2">≤0.5</td><td>附录 A</td></tr>
<tr><td colspan="3">燃烧性能等级</td><td colspan="2">A(A1)级</td><td>GB 8624</td></tr>
<tr><td colspan="3" rowspan="2">放射性核素限量</td><td colspan="2">内照射指数 I_{Ra}≤1.0</td><td rowspan="2">GB 6566</td></tr>
<tr><td colspan="2">外照射指数 I_{γ}≤1.0</td></tr>
<tr><td colspan="3">腐蚀性[3]</td><td colspan="2">符合 GB/T 17393 要求</td><td>GB/T 17393</td></tr>
</table>

注：1 垂直度偏差为 4 个角垂直度偏差的最大值。
2 现行国家标准《绝热材料稳态热阻及有关特性的测定防护热板法》GB/T 10294 为仲裁试验方法。
3 用于覆盖奥氏体不锈钢时有此要求。

3.2.3 胶粘剂的性能指标应符合表 3.2.3 的要求。

表 3.2.3 胶粘剂性能指标

项目			性能指标	试验方法
拉伸粘结强度(MPa)(与水泥砂浆)	原强度		≥0.60	JG/T 469
	耐水强度	浸水 48 h,干燥 2 h	≥0.40	
		浸水 48 h,干燥 7 d	≥0.60	
拉伸粘结强度(MPa)(与泡沫玻璃板)	原强度		≥0.12,破坏在泡沫玻璃板中	
	耐水强度	浸水 48 h,干燥 2 h	≥0.10	
		浸水 48 h,干燥 7 d	≥0.10	
拉伸粘结强度(MPa)(与钢板)[1]	原强度		≥0.60	
	耐水强度	浸水 48 h,干燥 2 h	≥0.40	
		浸水 48 h,干燥 7 d	≥0.60	
可操作时间(h)			1.5～4.0	
压缩剪切胶粘原强度(MPa)			≥0.3	

注：1 用于和金属粘结使用时有此要求。

3.2.4 粘结石膏的性能指标应符合表 3.2.4 的要求。

表 3.2.4 粘结石膏性能指标

项目		性能指标	试验方法
细度(%)	1.18 mm 筛网筛余	0	JC/T 1025
	150 μm 筛网筛余	≤25	
凝结时间(min)	初凝	≥25	GB/T 28627
	终凝	≤120	
抗折强度(MPa)		≥5.0	JC/T 1025
抗压强度(MPa)		≥10.0	
拉伸粘结强度(MPa)	与泡沫玻璃板	≥0.12	JG/T 469
	与水泥砂浆	≥0.60	

3.2.5 屋面保温构造用双组分聚氨酯胶粘剂或单组分改性沥青基胶粘剂性能指标应符合表 3.2.5 的要求。

表 3.2.5　双组分聚氨酯胶粘剂或单组分改性沥青基胶粘剂性能指标

<table>
<tr><th colspan="2">项　目</th><th>性能指标</th><th>试验方法</th></tr>
<tr><td rowspan="3">拉伸粘结强度
原强度(kPa)</td><td>与泡沫玻璃板</td><td>≥80</td><td rowspan="3">JG/T 469</td></tr>
<tr><td>与钢板</td><td>≥100</td></tr>
<tr><td>与水泥砂浆</td><td>≥100</td></tr>
</table>

3.2.6　抹面胶浆的性能指标应符合表 3.2.6 的要求。

表 3.2.6　抹面胶浆性能指标

<table>
<tr><th colspan="3">项　目</th><th>性能指标</th><th>试验方法</th></tr>
<tr><td rowspan="3">拉伸粘结强度(MPa)
(与泡沫玻璃板)</td><td colspan="2">原强度</td><td>≥0.12,破坏在泡沫玻璃板中</td><td rowspan="7">JG/T 469</td></tr>
<tr><td rowspan="2">耐水
强度</td><td>浸水 48 h,干燥 2 h</td><td>≥0.10</td></tr>
<tr><td>浸水 48 h,干燥 7 d</td><td>≥0.10</td></tr>
<tr><td colspan="3">压折比</td><td>≤3.0</td></tr>
<tr><td colspan="3">可操作时间(h)</td><td>1.5～4.0</td></tr>
<tr><td colspan="3">不透水性</td><td>试样抹面层内侧无水渗透</td></tr>
<tr><td colspan="3">抗冲击(J)</td><td>3</td></tr>
</table>

3.2.7　粉刷石膏性能指标应符合表 3.2.7 的要求。

表 3.2.7　粉刷石膏性能指标

<table>
<tr><th colspan="2">项　目</th><th>性能指标</th><th>试验方法</th></tr>
<tr><td rowspan="2">凝结时间(h)</td><td>初凝时间</td><td>≥1</td><td rowspan="6">GB/T 28627</td></tr>
<tr><td>终凝时间</td><td>≤8</td></tr>
<tr><td colspan="2">保水率(%)</td><td>≥75</td></tr>
<tr><td colspan="2">抗折强度(MPa)</td><td>≥2.0</td></tr>
<tr><td colspan="2">抗压强度(MPa)</td><td>≥4.0</td></tr>
<tr><td colspan="2">拉伸粘结强度(MPa)</td><td>≥0.4</td></tr>
</table>

续表3.2.7

<table>
<tr><th>项　目</th><th>性能指标</th><th>试验方法</th></tr>
<tr><td>拉伸粘结强度(与泡沫玻璃板)(MPa)</td><td>≥0.15</td><td>JG/T 469</td></tr>
<tr><td rowspan="2">放射性核素限量</td><td>内照射指数 I_{Ra}≤1.0</td><td rowspan="2">GB 6566</td></tr>
<tr><td>外照射指数 I_{γ}≤1.0</td></tr>
</table>

3.2.8 耐碱涂覆网布性能指标应符合表3.2.8的要求。

表3.2.8 耐碱涂覆网布性能指标

<table>
<tr><th colspan="2">项　目</th><th>性能指标</th><th>试验方法</th></tr>
<tr><td colspan="2">单位面积质量(g/m²)</td><td>≥160</td><td>JC/T 561.1</td></tr>
<tr><td colspan="2">经、纬密度(根/25 mm)</td><td>4～5</td><td>GB/T 7689.2</td></tr>
<tr><td rowspan="2">拉伸断裂强力(N/50 mm)</td><td>经向</td><td>≥1 650</td><td rowspan="3">GB/T 7689.5</td></tr>
<tr><td>纬向</td><td>≥1 710</td></tr>
<tr><td colspan="2">断裂伸长率(经、纬向)(%)</td><td>≤5</td></tr>
<tr><td colspan="2">耐碱断裂强力(经、纬向)(N/50 mm)</td><td>≥1 000</td><td rowspan="2">GB/T 20102</td></tr>
<tr><td colspan="2">耐碱断裂强力保留率(经、纬向)(%)</td><td>≥50</td></tr>
<tr><td colspan="2">可燃物含量(%)</td><td>≥20</td><td>GB/T 9914.2</td></tr>
<tr><td colspan="2">碱金属氧化物含量(%)</td><td>11.6～12.4</td><td>GB/T 1549</td></tr>
</table>

3.2.9 锚栓应为旋入式锚栓，当锚栓使用塑料膨胀套管时，塑料膨胀套管应采用聚酰胺、聚乙烯或聚丙烯材料制成，且不得使用再生料，圆盘的公称直径不应小于60 mm，膨胀套管的公称直径不应小于8 mm，金属螺钉应采用不锈钢材料或经过表面防腐处理的金属制成，性能指标应符合现行行业标准《外墙保温用锚栓》JG/T 366的规定，且应符合表3.2.9的要求。

表 3.2.9 锚栓的性能指标

项　目	性能指标	试验方法
锚栓抗拉承载力标准值(kN)	≥0.60(与 C25 混凝土)	JG/T 366
现场锚栓抗拉承载力最小值(kN)	≥0.60(混凝土基墙)	DG/TJ 08—2038
	≥0.50(实心砌体基墙)	
	≥0.40(多孔砖砌体墙)	
	≥0.30(空心砌块砌体墙)	
	≥0.30(加气混凝土基墙)	
锚栓圆盘抗拔力标准值(kN)	≥0.50	JG/T 366

3.2.10 用于辐射供暖系统的钢丝网片应采用网号为 40×40、丝径为 4.00 mm 的镀锌电焊网,并应符合现行国家标准《镀锌电焊网》GB/T 33281 的有关规定,且应符合表 3.2.10 的要求。

表 3.2.10 用于辐射供暖系统的钢丝网片主要性能指标

项目		性能指标	试验方法
网孔允许偏差(%)	经向	±5	GB/T 33281
	纬向	±2	
丝径允许偏差(mm)		±0.08	
焊点抗拉力(N)		>580	
镀锌层质量(g/m²)		>140	GB/T 1839

3.2.11 饰面砖柔性粘结剂性能指标应符合现行行业标准《陶瓷砖胶粘剂》JC/T 547 的要求。

3.2.12 饰面砖填缝剂性能指标应符合现行行业标准《陶瓷砖填缝剂》JC/T 1004 的要求。

3.2.13 墙体涂料的柔性耐水腻子性能指标应符合现行行业标准《建筑室内用腻子》JG/T 298 中柔韧型腻子的要求。

3.2.14 基层为压型金属板的保温构造用金属支撑盘应符合现行国家标准《连续热镀锌和锌合金镀层钢板及钢带》GB/T 2518 的有

关规定，钢材牌号宜为Q235B，公称厚度不应低于1.5 mm，热镀锌镀层种类和代号应为Z275。

3.3 包装与贮运

3.3.1 材料与配件的包装应符合下列要求：

1 泡沫玻璃板应采用专用纸箱包装或塑料膜包覆。

2 胶粘剂、粘结石膏、抹面胶浆、粉刷石膏等胶凝材料应采用复合塑料薄膜、防潮纸袋或专用包装袋包装，并予密封。

3 耐碱涂覆网布应按类型紧密整齐卷在硬纸筒上，不得有折叠和不均匀现象，每卷耐碱涂覆网布中心纸筒内壁应印有企业名称及商标，在室内应垂直堆放，不应超过2层，不得叠置和挤压堆放。

4 配套材料包装袋、桶上应标明产品名称、型号与数量、标准编号与商标、生产日期与有效贮存期、生产企业名称与地址；干混砂浆应在包装上注明在现场搅拌加水的配比。

3.3.2 材料在运输、贮存过程中应防潮、防雨，包装袋不得破损，并应存放在干燥、通风的室内。泡沫玻璃板堆放高度不应超过5层。

3.3.3 胶粘剂、粘结石膏、抹面胶浆、粉刷石膏等胶凝材料的有效贮存期为6个月，屋面保温构造用双组分聚氨酯胶粘剂或单组分改性沥青基胶粘剂为24个月，施工期间贮存时间超过规定有效贮存期的材料不应使用。严禁使用已结块、硬化的胶粘剂、粘结石膏、抹面胶浆、粉刷石膏、面砖柔性粘结剂、填缝剂和柔性耐水腻子。

4 设　计

4.1 一般规定

4.1.1 泡沫玻璃板适用于民用建筑外墙内保温、屋面和楼地面等节能工程。

4.1.2 内保温系统宜选用Ⅰ型泡沫玻璃板。屋面基层为压型金属板时，宜选用密度不大于 120 kg/m^3 的Ⅰ型泡沫玻璃板。

4.1.3 内保温系统与混凝土及各种砌块墙体之间应设置界面层和找平层，且应符合下列规定：

1 基层墙体为混凝土、灰砂砖以及混凝土空心小砌块等砌体时，基层墙体与水泥砂浆找平层之间应涂刷符合现行行业标准《混凝土界面处理剂》JC/T 907 要求的Ⅰ型界面剂。

2 基层墙体为加气混凝土砌块时，水泥砂浆找平层厚度不应小于 10 mm，并应在其表面涂刷符合现行行业标准《混凝土界面处理剂》JC/T 907 要求的Ⅱ型界面剂。

4.1.4 外墙内保温节能工程砌体外墙或框架填充外墙，在混凝土构件外露时，应明确热桥部位的节能处理措施。

4.1.5 外墙内保温节能工程宜在墙体易裂部位及与屋面板、楼板交接部位采取抗裂构造措施。

4.1.6 粘结石膏和粉刷石膏不得用于厨房、卫生间等湿润潮湿环境。

4.2 内保温系统构造设计

4.2.1 内保温系统应符合现行行业标准《外墙内保温工程技术规程》JGJ/T 261 的规定。构造层次应包括粘结层、保温层、抹面层和饰面层。其系统构造和材料构成应符合表 4.2.1 的规定。

表 4.2.1　内保温系统基本构造

<table>
<tr><td rowspan="2">基层
墙体
①</td><td colspan="4">系统的基本构造</td><td>构造示意图</td></tr>
<tr><td>粘结层
②</td><td>保温层
③</td><td>抹面层
④⑤</td><td>饰面层
⑥</td><td rowspan="3">①
②
③
④
⑤
⑥</td></tr>
<tr><td rowspan="2">混凝土
墙体或
各种砌
体墙体
+
找平层</td><td rowspan="2">胶粘剂
或粘结
石膏</td><td rowspan="2">泡沫
玻璃板</td><td rowspan="2">抹面胶浆
或粉刷石
膏+耐碱
涂覆网布
+锚栓(如
需要)</td><td>柔性腻子
+涂料</td></tr>
<tr><td>饰面砖柔
性粘结剂
+饰面砖+
饰面砖填
缝剂</td></tr>
</table>

注：内保温系统用于潮湿环境时，应在抹面层与饰面层间增设防水层。

4.2.2　内保温系统的构造应符合下列要求：

1　泡沫玻璃板与基层墙体应采用粘结连接工艺，当墙面高度大于 10 m 时，应辅助使用锚栓或金属托架连接工艺。金属托架宜每隔 2 层且不宜大于 6 m 设置 1 层，托架应固定于混凝土基层墙体。

2　在阴阳角以及门窗洞口周边应采用满粘法，其余部位可采用条粘法或点粘法，总粘贴面积不应小于保温板面积的 50%。小面积板材应满粘，严禁干铺搭接。

3　泡沫玻璃板上、下应错缝粘贴，板的侧边不宜涂抹胶粘剂或粘结石膏。

4　涂料饰面时，抹面层应内置单层耐碱涂覆网布；饰面砖饰面时，抹面层应内置双层耐碱涂覆网布。抹面层耐碱涂覆网布搭接宽度不应小于 100 mm，上、下层耐碱涂覆网布之间必须满布抹面胶浆，严禁干铺搭接。

5　当工艺需要进行锚栓设置时，锚栓在墙面上的设置宜均匀分布，可采用梅花状设置，每平方米不宜少于 5 个。锚栓圆盘应固定在耐碱涂覆网布外侧。

6　涂料饰面时，抹面层的厚度应为 3 mm～5 mm；饰面砖饰面时，抹面层的厚度应为 5 mm～7 mm。

4.2.3 内保温系统应对外墙阴阳角以及门窗洞口侧角部位采用增强做法。增强做法应符合下列要求：

1 阴阳角处网格布应从两侧进行包转搭接（增加护角条），每边搭接长度不应小于 200 mm，按图 4.2.3-1 实施。

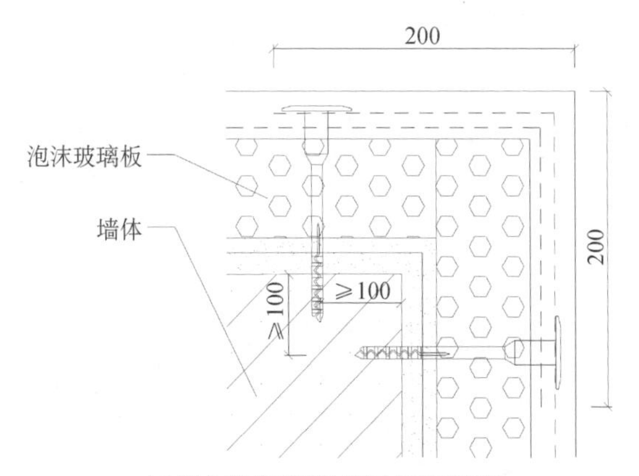

(a) 阳角部位耐碱涂覆网布增强做法

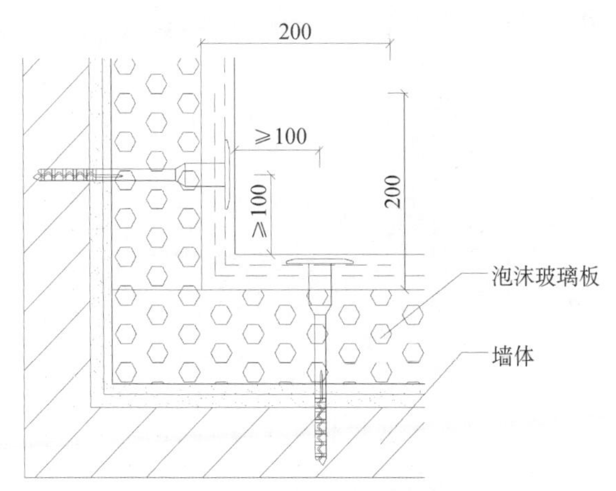

(b) 阴角部位耐碱涂覆网布增强做法

图 4.2.3-1 阴阳角部位耐碱涂覆网布增强做法（mm）

2 门窗外侧洞口角部应按照图 4.2.3-2 实施增强，在 45°方向加贴 300 mm×400 mm 的小块耐碱涂覆网布。

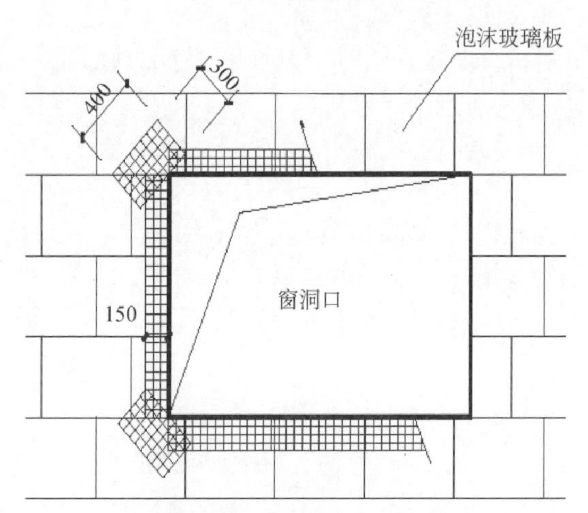

(a) 门窗外侧洞口网布增强做法

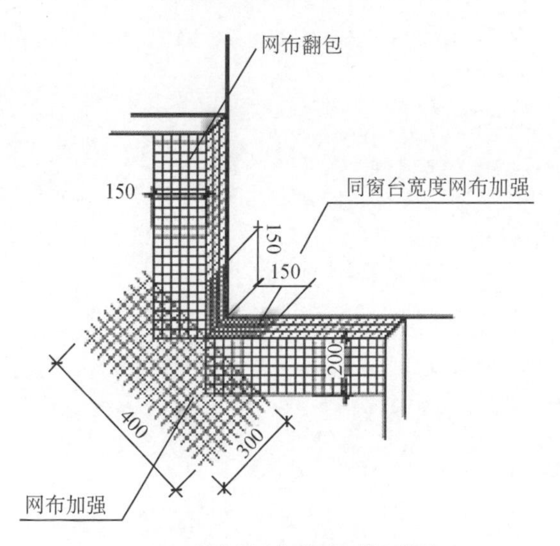

(b) 门窗洞口角部网布增强做法

图 4.2.3-2　门窗洞口角部网布增强做法(mm)

4.2.4 耐碱涂覆网布应在墙身变形缝等需要切断系统的部位对泡沫玻璃板实施翻包；翻包时，耐碱涂覆网布在泡沫玻璃板粘结层中的长度不应小于 100 mm。

4.2.5 外墙与内墙、楼板以及混凝土柱连接处应采用泡沫玻璃板进行热桥处理，热桥处理宽度不小于 300 mm，厚度与内墙及楼板相邻处抹灰厚度相同。

4.3 屋面节能构造设计

4.3.1 泡沫玻璃板应用于屋面节能构造时，应符合现行国家标准《屋面工程技术规范》GB 50345 的有关规定。泡沫玻璃板可适用于正置式和倒置式等各类屋面节能构造。

4.3.2 屋面节能工程的防水设计应符合现行国家标准《屋面工程技术规范》GB 50345 的有关规定。

4.3.3 屋面节能工程所用材料的燃烧性能和耐火极限应符合现行国家标准《建筑设计防火规范》GB 50016 的有关规定。

4.3.4 正置式屋面节能构造层次应为结构层、找平层或找坡层、粘结层、泡沫玻璃板保温层、找平层或找坡层、防水层、隔离层和保护层。正置式屋面节能构造见图 4.3.4。

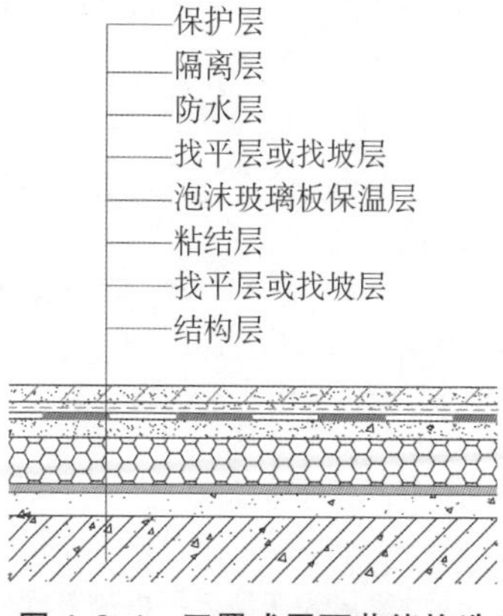

图 4.3.4 正置式屋面节能构造

4.3.5 倒置式屋面节能设计应符合现行行业标准《倒置式屋面工程技术规程》JGJ 230 的要求，构造层次应为结构层、找平层或找坡层、防水层、泡沫玻璃板保温层及保护层，有需要时还应设计粘结层。倒置式屋面节能构造见图 4.3.5。

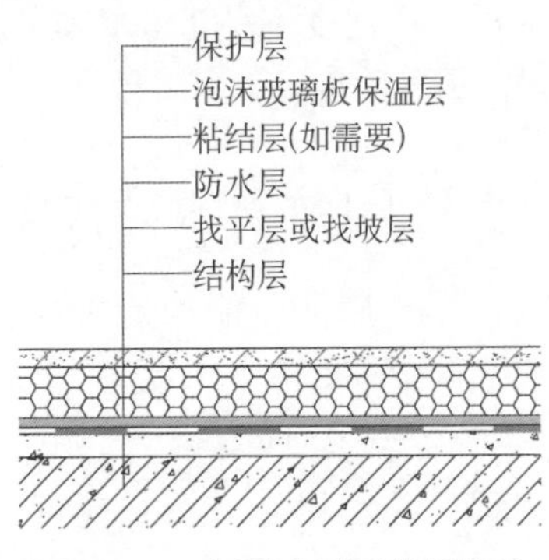

图 4.3.5 倒置式屋面节能构造

4.3.6 基层为压型金属板的节能构造应符合现行行业标准《建筑金属围护系统工程技术标准》JGJ/T 473 的相关规定，并应符合下列要求：

1 基层为压型金属板的构造层次应为压型钢板、粘结层、泡沫玻璃板保温层、防水层和隔离层(如需要)。基层为压型金属板的节能构造见图 4.3.6。

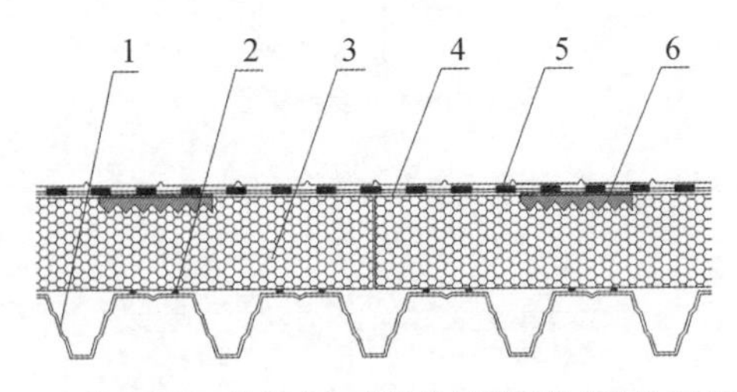

1—压型钢板；2—粘结层(双组分聚氨酯胶粘剂或单组分改性沥青基胶粘剂)；
3—泡沫玻璃板保温层；4—防水层；5—隔离层(如需要)；6—金属支撑盘

图 4.3.6 基层为压型金属板的节能构造

2 基层与泡沫玻璃板的粘结应采用双组分聚氨酯胶粘剂或单组分改性沥青基胶粘剂。

3 当屋面有承重设计需要时，泡沫玻璃板上表面宜采用金属支撑盘作为支撑构件，普通型金属支撑盘的平面尺寸宜为 150 mm×150 mm，折边为两边折边，折边宽度为 30 mm。加强型金属盘的平面尺寸宜为 200 mm×200 mm，折边为四边折边，两对边折边宽度为 30 mm，另两对边折边宽度为 20 mm。

4 密封材料应采用沥青基材料或其他和泡沫玻璃板有良好结合性能的材料。

4.3.7 块瓦坡屋面泡沫玻璃板节能构造层次应为粘结层、泡沫玻璃板保温层、防水层或防水垫层、持钉层、顺水条、挂瓦条及烧结瓦或混凝土瓦。当屋面坡度大于 1∶2 时，泡沫玻璃板保温层应采取防下滑的措施。块瓦坡屋面泡沫玻璃板节能构造见图 4.3.7。

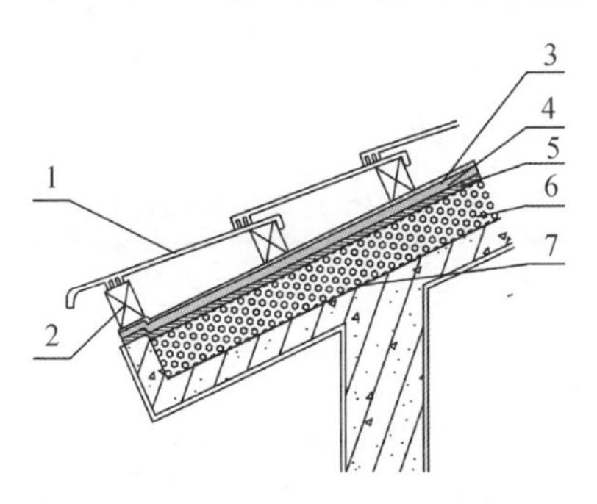

1—烧结瓦或混凝土瓦；2—挂瓦条；3—顺水条；4—持钉层；
5—防水层或防水垫层；6—泡沫玻璃板保温层；7—粘结层

图 4.3.7 块瓦坡屋面泡沫玻璃板节能构造

4.3.8 泡沫玻璃板应用于种植屋面节能时，防水层应有防根系穿刺功能，防止破坏屋面防水层，卷材、涂膜防水层上部应设置刚性保护层。

4.3.9 蓄水屋面采用泡沫玻璃板时，应在泡沫玻璃板保温层上采用刚性防水层，或在卷材、涂膜防水层上再做刚性复合防水层。

4.4 楼地面节能构造设计

4.4.1 泡沫玻璃板底层地面及架空楼板节能时，粘贴布胶面积不应小于50%，基本构造应符合表4.4.1的要求。

表4.4.1 泡沫玻璃板底层地面及架空楼板节能基本构造

基层 ①	防潮层 ②	粘结层 ③	保温层 ④	防护层 ⑤	面层 ⑥	构造示意图
混凝土地坪或架空钢筋混凝土楼板及找平	防水涂料或防水卷材	胶粘剂	泡沫玻璃板	细石混凝土	按单项设计（地砖或地板等）	① ② ③ ④ ⑤ ⑥

4.4.2 泡沫玻璃板层间楼板节能粘贴面积不应小于50%，基本构造应符合表4.4.2的要求。

表4.4.2 泡沫玻璃板层间楼板保温基本构造

基层 ①	粘结层 ②	保温层 ③	防护层 ④	面层 ⑤	构造示意图
钢筋混凝土楼板及找平	胶粘剂或粘结石膏	泡沫玻璃板	细石混凝土（潮湿房间应在细石混凝土上增加防水涂料层）	地砖或地板等	① ② ③ ④ ⑤

4.4.3 泡沫玻璃板应用于辐射供暖系统时，应符合现行行业标准《辐射供暖供冷技术规程》JGJ 142和现行上海市工程建设规范《地面辐射供暖技术规程》DGJ 08—2161的有关规定。泡沫玻璃板保温与辐射供暖系统复合的基本构造层次应为楼板结构层、泡沫玻璃板保温层、反射隔热膜层、细石混凝土保护层（含双层钢丝网

片)、饰面层。楼地面与墙体交界处应设置宽度不小于 50 mm 的泡沫玻璃板隔断热桥。辐射供暖系统上、下表面均应铺设钢丝网片。泡沫玻璃板保温与辐射供暖系统复合的基本构造见图 4.4.3。

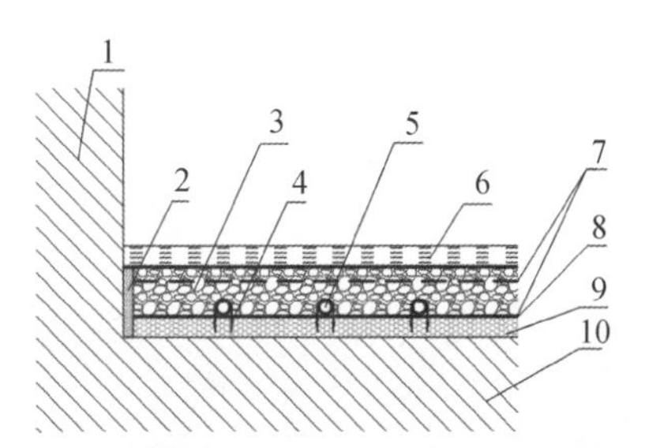

1—房间四周墙体、柱及抹灰层；2—边界保温；3—细石混凝土保护层；4—塑料卡钉；5—地暖管；6—饰面层；7—双层钢丝网片；8—反射隔热膜；9—泡沫玻璃板保温层；10—楼板结构层

图 4.4.3　泡沫玻璃板保温与辐射供暖系统复合结构

4.5　热工设计

4.5.1　用于外墙内保温节能、屋面节能、楼地面节能的保温层厚度，应根据现行建筑节能设计标准通过热工计算确定。

4.5.2　泡沫玻璃板用于墙体节能、屋面节能、楼地面节能等时，其导热系数和蓄热系数的修正系数取 1.05，泡沫玻璃板的设计计算值(λ_c、S_c)应按表 4.5.2 取值。倒置式屋面泡沫玻璃板保温层的设计厚度应按计算厚度增加 25%取值，且最小厚度不得小于 25 mm。

表 4.5.2　泡沫玻璃板的 λ_c、S_c 值

型号	λ_c [W/(m·K)]	S_c [W/(m²·K)]
Ⅰ型	0.044×1.05=0.046	0.60×1.05=0.63
Ⅱ型	0.055×1.05=0.058	0.60×1.05=0.63

5 施 工

5.1 一般规定

5.1.1 施工前,应根据设计和本标准规定以及相应的技术标准编制针对工程项目的节能保温专项施工方案,并对施工人员进行技术交底和专业技术培训。

5.1.2 用于节能工程的施工应按照经审查合格的设计文件和经审批通过的用于工程项目的节能保温专项施工方案进行。

5.1.3 在施工过程中,系统产品供应商应有专业人员进行现场指导,并配合施工单位和现场监理做好施工质量控制工作。

5.1.4 材料进场必须经过验收,并保存验收资料。

5.1.5 所有材料必须做到入库,并有专人保管,严禁露天堆放。泡沫玻璃板、胶粘剂、粘结石膏、抹面胶浆、粉刷石膏等胶凝材料应架空防潮堆放。

5.1.6 施工条件应符合下列规定:

1 基层墙体及其水泥砂浆找平层和门窗洞口的施工质量应验收合格,门窗框或辅框应安装完毕。穿越墙体洞口的管线和空调器等预埋件、连接件应安装完毕,并留出间隙。屋面、楼板施工面应符合相关防水、防潮及平整要求。

2 必要的施工机具和劳防用品应准备齐全。

3 施工用专用脚手架应搭设牢固,安全检验合格。脚手架横竖杆与墙面、墙角的间距应满足施工要求。

4 基层墙体应坚实平整、表面干燥,不得有开裂、空鼓、松动或泛碱,水泥砂浆找平层的粘结强度、平整度及垂直度应符合相关标准的规定。

5.1.7 屋面节能及楼地面节能施工期间以及完工后 24 h 内，基层及施工环境温度应为 5℃～35℃，夏季应避免烈日暴晒，在五级以上大风天气和雨、雪天不得施工。如施工中突遇降雨，应采取有效措施防止雨水冲刷施工墙面或屋面。

5.1.8 在大面积施工前，应在现场采用相同材料、构造做法和工艺制作样板墙或样板间，并经有关各方确认后方可进行工程施工。

5.1.9 施工时，操作人员应佩戴专用劳防用品，采取职业健康保护措施和施工安全防范措施。

5.1.10 送检材料应见证取样，经符合资质的检测机构复验合格后方可使用。

5.2 内保温系统施工工艺及要求

5.2.1 内保温系统基本的施工工艺流程应符合图 5.2.1 的要求。

5.2.2 基层墙体处理应符合下列要求：

1 基层墙体应坚实平整，无油污，脱模剂、杂物以及空鼓、酥松部位应剔除。

2 蒸压加气混凝土基层墙体应涂刷Ⅱ型界面剂后采用专用的干混抹灰砂浆找平。

3 用于既有建筑内墙的节能保温改造，应对基层墙体的表面进行预处理，除去原有保护层，直至基墙符合本标准第 4.1.3 条的规定。

4 基层墙体处理完毕后，墙面应保持清洁干燥。

5.2.3 泡沫玻璃板粘贴前，应根据建筑立面设计和内保温技术要求，在墙面弹出门窗口水平、垂直控制线以及伸缩缝线、装饰条线等。

5.2.4 泡沫玻璃板粘贴前，应对整块板的两面轻拍或用毛刷进行除灰处理。

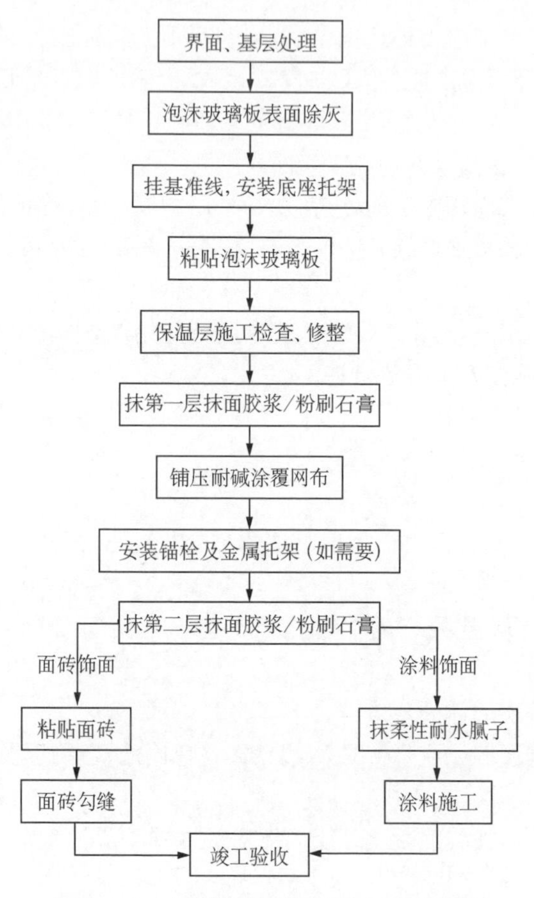

图 5.2.1　内保温系统基本施工工艺流程图

5.2.5　泡沫玻璃板粘贴应符合下列要求：

1　粘贴前，基层墙体应先找平。

2　胶粘剂或粘结石膏应按规定在现场按配合比加水搅拌，胶粘剂或粘结石膏应避免太阳直射，并应在可操作时间内用完。

3　泡沫玻璃板应自下而上沿水平方向横向铺贴，板缝自然靠紧，相邻板面应平齐；上、下排之间应错缝 1/2 板长，局部最小错缝不应小于 150 mm。

4 泡沫玻璃板粘结层厚度不应小于 3 mm,布胶面积不小于 50%。板的侧面不得涂抹或沾有胶粘剂或粘结石膏,板间缝隙不得大于 2 mm,板间高差不得大于 1.5 mm。粘贴时应用力将板压实,可用橡皮锤轻击。

5 对泡沫玻璃板各终端部位(侧边外露处)应在贴板前用耐碱涂覆网布翻包。

6 在外墙面转角处,板的垂直缝应交错咬合。

7 粘贴后应用 2 m 直尺进行压平操作,并严格检查其平整度。

8 泡沫玻璃板保温层与门窗框的接口处应在泡沫玻璃板施工前设置翻包网;所有穿过泡沫玻璃板的穿墙管线与构件,其出口部位应用预压密封带实施包转,采用密封胶密封。

5.2.6 抹面层施工应符合下列要求:

1 泡沫玻璃板粘贴完毕 3 d 后,进行抹面层施工。

2 抹面胶浆或粉刷石膏应按规定配合比在现场加水搅拌,应避免太阳直射,并应在可操作时间内用完。

3 第一道抹面胶浆或粉刷石膏施工,应先用不锈钢抹刀抹灰,后用大抹刀抹平,并趁湿压入第一层耐碱涂覆网布,待抹面胶浆或粉刷石膏稍干硬至可以触碰时安装锚栓,锚栓的安装应按设计要求的位置,用冲击钻或电锤钻孔,钻孔深度应大于锚固深度 10 mm。安装时,塑料圆盘应紧压耐碱涂覆网布。

4 第二道抹面胶浆或粉刷石膏施工,应先用不锈钢抹刀抹灰,后用大抹刀抹平。在阳角等二层耐碱涂覆网布设置处,趁湿压入第二层耐碱涂覆网布,再进行第三道抹面胶浆或粉刷石膏施工,抹平厚度应达到设计要求。

5 抹面层施工完毕后,涂料饰面养护 5 d～7 d,饰面砖饰面养护 7 d～14 d,再进行防水层或饰面层施工。

6 耐碱涂覆网布的铺设应抹平、找直,并保持阴阳角的方正和垂直度,耐碱涂覆网布的上下、左右之间均应有搭接,其搭接宽度不应小于 100 mm。

7 门窗外侧洞口四周阴阳角部位的耐碱涂覆网布以及按45°方向加贴的小块耐碱涂覆网布应在抹面层大面积施工前先用抹面胶浆局部粘贴。洞口周边应用耐碱涂覆网布翻包 150 mm，并与墙面的耐碱涂覆网布搭接。

5.2.7 饰面层为涂料时，应在抹面层上用柔性耐水腻子批嵌平整后刷涂料，不得采用普通的刚性腻子取代柔性腻子。饰面砖饰面施工应采用专用柔性粘结剂粘贴，并采用专用柔性填缝剂填缝。

5.2.8 应对半成品和成品采用保护措施，防止污染和损坏；各构造层材料在完全固化前应防止淋水、撞击和振动。墙面损坏处以及使用脚手架所预留的孔洞均应采用相同材料进行修补。

5.3 屋面节能施工要求

5.3.1 泡沫玻璃板屋面节能施工环境条件应符合下列规定：

1 屋面基层应平整、干净和表面干燥。基层处于潮湿或有明水状态时不得进行保温层粘结施工。

2 施工环境气候宜为 5℃～35℃，风力不宜大于五级，相对湿度宜小于 85%。

3 雨天、雪天不得施工。如施工中突遇下雨、下雪，应采取适当防护措施。

5.3.2 铺设泡沫玻璃板时，板间拼缝应严密，铺设完成后表面应平整，不得有碎裂的泡沫玻璃板。

5.3.3 屋面防水层施工应按现行国家标准《屋面工程技术规范》GB 50345 实施。防水材料应与泡沫玻璃板有较好的相融性，防水层应平整、表面干燥和干净。

5.3.4 屋面节能工程施工完成后应及时进行找平层、防水层和防护层施工，保温隔热层不应受潮、浸泡或受损。

5.3.5 防水层施工完工，应在蓄水或淋水试验合格后方可进行下道工序施工。

5.4 楼地面节能施工要求

5.4.1 泡沫玻璃板用于楼地面节能施工应符合下列要求：

1 施工前应对基层进行处理，并应在达到设计和施工要求后方可进行泡沫玻璃板、防水隔离层施工。

2 泡沫玻璃板应铺设严密，表面应平整，相邻板块高差符合设计要求且不应大于1.5 mm，板间应错缝排列。

5.4.2 保温层施工完成2 d后，方可进行防护层施工。

5.4.3 对穿过楼板接触室外空气的各种金属管道，应采取保温措施。

6 质量验收

6.1 一般规定

6.1.1 质量验收应符合现行国家标准《屋面工程质量验收规范》GB 50207、《建筑地面工程施工质量验收规范》GB 50209、《建筑装饰装修工程质量验收标准》GB 50210、《建筑工程施工质量验收统一标准》GB 50300、《建筑节能工程施工质量验收标准》GB 50411 和现行上海市工程建设规范《建筑节能工程施工质量验收规程》DGJ 08—113 以及本标准的规定。

6.1.2 质量验收应包括施工过程中的质量检查、隐蔽工程验收和检验批验收，施工完成后应进行外墙内保温、屋面节能、楼地面节能分项工程验收。

6.1.3 竣工验收应提供下列资料，并纳入竣工技术档案：

1 建筑节能工程设计文件、图纸会审纪要、设计变更文件和技术核定手续。

2 建筑节能工程设计文件审查通过文件。

3 通过审批的节能工程的施工组织设计和专项施工方案。

4 节能工程使用材料、成品、半成品、设备及配件的产品质量保证书、产品合格证、检验报告、型式检验报告和进场复验报告。

5 节能工程的隐蔽工程验收记录。

6 检验批、分项、分部工程验收记录。

7 监理单位过程质量控制资料及建筑节能专项质量评估报告。

8 其他必要的资料，包括样板墙或样板间的工程技术档案资料。

6.1.4 内保温节能工程验收的检验批划分应符合下列规定：

1 采用相同材料、工艺和施工做法的保温墙面，每 1 000 m^2 面积划分为一个检验批，不足 1 000 m^2 也为一个检验批。

2 检验批的划分也可根据与施工流程相一致且方便施工与验收的原则，由施工单位与监理（建设）单位共同商定，但一个检验批保温面积不得大于 3 000 m^2。

6.1.5 屋面节能工程验收的检验批划分应符合下列规定：

1 相同材料、工艺和做法的屋面，每 1 000 m^2 作为一个检验批，不足 1 000 m^2 也应划分为一个检验批。

2 每个检验批不应少于 3 处，每处 10 m^2，整个屋面节能工程抽查不得少于 3 处。

3 细部构造应全部检查。

6.1.6 楼地面节能工程验收的检验批划分应符合下列规定：

1 检验批可按施工段、变形缝、楼层划分；不同构造做法的底层楼板节能工程应单独划分检验批。

2 采用相同材料、工艺和施工做法的楼地面节能工程，每 200 m^2 可划分为一个检验批，不足 200 m^2 也为一个检验批。

3 不同构造做法的底层楼板节能工程应单独划分检验批。

4 每个检验批抽查间数（标准间）不得少于 5%，并不得少于 3 间，不足 3 间时应全数检查。过道、通廊等应按 10 延长米为一间计算。

6.1.7 墙体节能工程应对下列部位或内容进行隐蔽工程验收，并应有详细的文字记录和必要的图像资料：

1 保温层附着的基层墙体（包括水泥砂浆找平层）及其处理。

2 对泡沫玻璃板的粘结面积比的检查和验收。

3 规格型号及厚度。

4 锚栓的规格型号尺寸及设置。

5 墙体热桥部位处理。

6 耐碱涂覆网布的铺设及搭接。

7 各加强部位以及门窗洞口和穿墙管线部位的处理。

6.1.8 屋面节能工程应对下列部位进行隐蔽工程验收，并应有详细文字记录和必要的图像资料：

1 基层。

2 保温层的敷设方式、厚度；保温板材缝隙填充质量。

3 屋面热桥部位。

4 压型金属板。

6.1.9 楼地面节能工程应对下列部位进行隐蔽工程验收，并应有详细文字记录和必要的图像资料：

1 基层。

2 泡沫玻璃板厚度。

3 泡沫玻璃板的粘结。

6.2 内保温系统

Ⅰ 主控项目

6.2.1 内保温系统工程施工前应按照设计和施工方案的要求对基层墙体进行处理，处理后的基层应符合施工方案的要求。

检验方法：对照设计和施工方案观察检查；核查隐蔽工程验收记录。

检查数量：全数检查。

6.2.2 内保温系统以及各组成材料与配件的品种、规格应符合设计和本标准规定。

检验方法：观察、尺量和称重检查；核查质量证明文件，包括型式检验报告。

检查数量：按进场批次，每批随机抽取 3 个试样进行检查；质量证明文件按照其出厂检验批次进行核查。

6.2.3 系统所用材料进场时，应进行复验，复验应为见证取样送检，复验项目应包括：

1 泡沫玻璃板：密度、导热系数、抗压强度、垂直于板面的抗拉强度、吸水量、体积吸水率。

2 胶粘剂、抹面胶浆、粘结石膏和粉刷石膏：拉伸粘结强度。

3 耐碱涂覆网布：耐碱断裂强力、耐碱断裂强力保留率。

4 锚栓：锚栓抗拉承载力标准值。

检验方法：核查质量证明文件；随机抽样复检，抽查复验报告。

检验数量：按现行相关标准或本市的相关规定。

6.2.4 现场检验保温层的厚度应符合设计要求，不得有负偏差。

检验方法：核查泡沫玻璃板进场验收记录以及隐蔽工程验收记录；剖开尺量检查。

检查数量：按检验批数量，每个检验批抽查不少于 3 处。现场钻芯检验的数量按现行国家标准《建筑节能工程施工质量验收标准》GB 50411 的规定。

6.2.5 泡沫玻璃板与基层及各构造层之间的粘结和连接必须牢固，粘结强度和连接方式应符合设计和本标准要求，粘结面积比应符合设计要求。

检验方法：观察；手扳检查；核查粘结强度试验报告以及隐蔽工程验收记录；对泡沫玻璃板进行现场粘结强度拉拔试验。

检查数量：每个检验批抽查不少于 3 处。

6.2.6 锚栓数量、位置、锚固深度和锚栓的拉拔力以及金属托架数量、位置应符合设计和本标准要求。

检验方法：核查施工记录和隐蔽工程验收记录；对锚栓进行现场拉拔试验。

检查数量：每个检验批抽查不少于 3 处。

Ⅱ 一般项目

6.2.7 系统各组成材料与配件进场时的外观和包装应完整无破

损，符合设计要求和产品标准的规定。

检验方法：观察检查。

检查数量：全数检查。

6.2.8 抹面层中应有的耐碱涂覆网布均应铺设严实，不应有空鼓、褶皱、外露等现象，搭接长度应符合设计和本标准要求。

检验方法：观察检查；直尺测量；核查施工记录和隐蔽工程验收记录。

检查数量：每个检验批抽查不少于5处，每处不少于2 m^2。

6.2.9 内保温系统饰面层的允许偏差和检验方法应符合表6.2.9的规定。

表6.2.9 内保温系统饰面层的允许偏差和检验方法

项次	项目	允许偏差(mm)	检验方法
1	表面平整度	4	用2 m靠尺和塞尺检查
2	立面垂直度	4	用2 m垂直检查尺检查
3	阴、阳角方正	4	用直角检验尺检查
4	伸缩缝线条直线度	4	拉5 m线，不足5 m拉通线，用钢直尺检查

6.3 屋面节能

Ⅰ 主控项目

6.3.1 用于屋面节能工程的保温材料，其品种、规格应符合设计要求和本标准的要求。找坡层材料、坡度及最小厚度应满足设计要求。

检验方法：观察、尺量检查；核对质量证明文件，包括型式检验报告。

检查数量：按进场批次，每批随机抽取3个试样进行检查；质量证明文件应按出厂检验批进行核查。

6.3.2 泡沫玻璃板的密度、导热系数、抗压强度、体积吸水率和燃烧性能，双组分聚氨酯胶粘剂或单组分改性沥青基胶粘剂的拉伸粘结强度应符合设计要求和本标准的规定。进场时应进行复验，复验应为见证取样送检。

检验方法：核查质量证明文件；随机抽样复验，核查复验报告。

检查数量：保温面积小于等于1 000 m^2 屋面，同一品种抽样不得少于1次；当面积增加时，每增加2 000 m^2 应增加1次，超过5 000 m^2 时，每增加3 000 m^2 应增加1次；增加的面积不足规定数量时也应增加1次。同工程项目、同施工单位且同时施工的多个单体工程（群体建筑）可合并计算屋面抽检面积。

6.3.3 泡沫玻璃板的铺贴方式、厚度、缝隙填充质量及屋面热桥部位的保温做法，必须符合设计要求和本标准的规定。泡沫玻璃板的厚度应进行现场抽检，其厚度偏差应为0 mm～+2 mm。

检验方法：观察、尺量检查。

检查数量：按进场批次，每个检验批抽查不少于3处。

Ⅱ 一般项目

6.3.4 施工期间应对泡沫玻璃板进行保护，破碎损坏应进行更换。

检验方法：观察检查。

检查数量：全数检查。

6.3.5 泡沫玻璃板粘贴应牢固、缝隙紧密、平整。

检验方法：观察、尺量检查。

检查数量：全数检查。

6.4 楼地面节能

Ⅰ 主控项目

6.4.1 泡沫玻璃板的品种、规格应符合设计要求和本标准的规定。

检验方法：观察、核查质量文件。

检查数量：按进场批次，每批随机抽取 3 个试样进行检查；质量证明文件应按出厂检验批进行核查。

6.4.2 泡沫玻璃板的导热系数、密度、抗压强度和燃烧性能应符合设计要求和本标准的规定。进场时应进行复验，复验应为见证取样送检。

检验方法：核查质量证明文件；随机抽样复验，核查进场复验报告。

检查数量：保温面积小于等于 1 000 m^2 楼地面，同一品种抽样不得少于 1 次；当面积增加时，每增加 2 000 m^2 应增加 1 次，超过 5 000 m^2 时，每增加 3 000 m^2 应增加 1 次；增加的面积不足规定数量时也应增加 1 次。

6.4.3 楼板防水防潮层、粘结层、保温层及防护层等各层的设置和构造做法以及保温层的厚度应符合设计要求和本标准的规定，并应按施工方案施工。

检验方法：对照设计和施工方案观察检查；尺量检查。

检查数量：按进场批次，每个检验批抽查不少于 3 处。

Ⅱ 一般项目

6.4.4 楼地面节能施工质量应符合下列要求：

1 泡沫玻璃板与基体之间、各构造层之间的粘结应牢固，缝隙应紧密。

2 穿越地面直接接触空气的各种金属管道应按设计要求，采取隔断热桥的保温措施。

检验方法：观察检查；核查隐蔽工程验收记录。

检查数量：每个检验批抽查 2 处，每处 10 m^2，穿越地面的金属管道处全数检查。

6.4.5 泡沫玻璃板应铺设紧密，面层应平整，相邻板块高差不应大于 1 mm。

检验方法：观察检查，2 m 尺检查。

检查数量：全数检查。

附录 A 体积吸水率试验方法

A.0.1 本附录规定了泡沫玻璃板体积吸水率的试验方法。

A.0.2 试验用仪器设备、辅助工具和材料应符合下列规定：

1 电热鼓风干燥箱：温度偏差应能控制在±2℃。

2 钢直尺：分度值应为 1 mm。

3 游标卡尺：分度值不应大于 0.05 mm。

4 天平：分度值应为 0.1 g。

5 水箱：应能浸泡 3 块试样。

6 干燥器：应能放置试样。

7 格栅：由断面约为 20 mm×20 mm 的不易腐烂的材料制成。

8 吸水工具：毛巾和尺寸为 180 mm×180 mm×40 mm 软质聚氨酯泡沫塑料(海绵)。

A.0.3 试样制备、尺寸和数量应符合下列规定：

1 应从样品中随机抽取 3 块，分别制备 1 块试样，共制备 3 块。

2 试样尺寸应为(400±1)mm×(300±1)mm，厚度应为泡沫玻璃的原始厚度。

A.0.4 试样应进行下列状态调节：

1 将试样置于电热鼓风干燥箱中，在(65±2)℃条件下烘干至恒定质量，恒定质量判定依据为恒温 3 h 两次称量试样质量的变化率小于 0.2%。

2 将烘干至恒重的试样移至干燥器中冷却至室温。

A.0.5 试验应在温度(20±5)℃、相对湿度(60±10)%的环境中进行。

A.0.6 试验应按下列测试步骤进行：

1 称量干燥后的试样质量 G_g，精确至 0.1 g。

2 按国家标准《无机硬质绝热制品试验方法》GB/T 5486—2008 中第 4 章的规定测量试样的长度、宽度和厚度，计算试样的体积 V。

3 将每块试样分别水平放置在水箱底部格栅上，试样距周边及试样间距不应小于 25 mm。再将另一格栅放置在试样上表面，加上重物。

4 在水箱中加入自来水，水面应高出试样表面 25 mm～30 mm。注水完毕开始计时，浸水时间应为(48±1)h。试验期间应确保自来水的水温为(20±5)℃。

5 试样取出后应立放在拧干水分的毛巾上，排水(10±1)min，再用软质聚氨酯泡沫塑料(海绵)吸去试样表面吸附的残余水分。吸水前，应先用力挤出软质聚氨酯泡沫塑料(海绵)中的水，然后放置在试样表面均匀地吸附表面的残余水分，吸附时将软质聚氨酯泡沫塑料(海绵)压缩至其厚度的 50%。每一表面应至少吸水 2 次，每次应吸水(60±5)s，直至试样表面无可见的残余水分。

6 称量试样的质量 G_s，精确至 0.1 g。

A.0.7 每个试样的体积吸水率应按式(A.0.7)计算，精确至 0.01%，试验结果应取 3 个试样体积吸水率的算术平均值，精确至 0.1%。

$$W_T = \frac{G_s - G_g}{V \times \rho_w} \times 100 \tag{A.0.7}$$

式中：W_T——试样体积吸水率(%)；

G_s——浸水后的试样质量(g)；

G_g——干燥后的试样质量(g)；

V——试样的体积(cm^3)；

ρ_w——自来水的密度，取 1 g/cm^3。

本标准用词说明

1 为了便于在执行本标准条文时区别对待，对要求严格程度不同的用词说明如下：

1) 表示很严格，非这样做不可的用词：
正面词采用“必须”；
反面词采用“严禁”。

2) 表示严格，在正常情况下均应这样做的用词：
正面词采用“应”；
反面词采用“不应”或“不得”。

3) 表示允许稍有选择，在条件许可时首先应这样做的用词：
正面词采用“宜”；
反面词采用“不宜”。

4) 表示有选择，在一定条件下可以这样做的用词，采用“可”。

2 标准中指定应按其他有关标准、规范执行时，写法为“应符合……的规定（要求）”或“应按……执行”。

引用标准名录

1 《建筑材料放射性核素限量》GB 6566
2 《建筑材料及制品燃烧性能分级》GB 8624
3 《建筑设计防火规范》GB 50016
4 《屋面工程质量验收规范》GB 50207
5 《建筑地面工程施工质量验收规范》GB 50209
6 《建筑装饰装修工程质量验收标准》GB 50210
7 《建筑工程施工质量验收统一标准》GB 50300
8 《屋面工程技术规范》GB 50345
9 《建筑节能工程施工质量验收标准》GB 50411
10 《纤维玻璃化学分析方法》GB/T 1549
11 《钢产品镀锌层质量试验方法》GB/T 1839
12 《连续热镀锌和锌合金镀层钢板及钢带》GB/T 2518
13 《无机硬质绝热制品试验方法》GB/T 5486
14 《增强材料　机织物试验方法　第2部分:经、纬密度的测定》GB/T 7689.2
15 《增强材料　机织物试验方法　第5部分:玻璃纤维拉伸断裂强力和断裂伸长的测定》GB/T 7689.5
16 《数值修约规则与极限数值的表示和判定》GB/T 8170
17 《增强制品试验方法　第2部分:玻璃纤维可燃物含量的测定》GB/T 9914.2
18 《绝热材料稳态热阻及有关特性的测定　防护热板法》GB/T 10294
19 《绝热材料稳态热阻及有关特性的测定　热流计法》GB/T 10295

20 《绝热　稳态传热性质的测定　标定和防护热箱法》GB/T 13475
21 《覆盖奥氏体不锈钢用绝热材料规范》GB/T 17393
22 《玻璃纤维网布耐碱性试验方法　氢氧化钠溶液浸泡法》GB/T 20102
23 《抹灰石膏》GB/T 28627
24 《镀锌电焊网》GB/T 33281
25 《陶瓷砖胶粘剂》JC/T 547
26 《增强用玻璃纤维网布　第1部分:树脂砂轮用玻璃纤维网布》JC/T 561.1
27 《泡沫玻璃绝热制品》JC/T 647
28 《混凝土界面处理剂》JC/T 907
29 《陶瓷砖填缝剂》JC/T 1004
30 《粘结石膏》JC/T 1025
31 《辐射供暖供冷技术规程》JGJ 142
32 《外墙内保温板》JG/T 159
33 《建筑室内用腻子》JG/T 298
34 《外墙保温用锚栓》JG/T 366
35 《泡沫玻璃外墙外保温系统材料技术要求》JG/T 469
36 《外墙外保温工程技术标准》JGJ 144
37 《倒置式屋面工程技术规程》JGJ 230
38 《外墙内保温工程技术规程》JGJ/T 261
39 《建筑金属围护系统工程技术标准》JGJ/T 473
40 《建筑节能工程施工质量验收规程》DGJ 08—113
41 《地面辐射供暖技术规程》DGJ 08—2161
42 《建筑围护结构节能现场检测技术标准》DG/TJ 08—2038

标准上一版编制单位及人员信息

DG/TJ 08—2193—2016

主 编 单 位:上海市建筑科学研究院
同济大学

主要起草人:李德荣 张永明 王 博 赵 红 邱 童
朱传建 邢大庆 于 沙 倪 钢 陶娅龄
张建国 戴永红 陈明德 黄国权 高占铎

主要审查人:陆善后 林丽智 居世钰 王惠章 赵海云
周 东 朱敏涛

上海市工程建设规范

外墙内保温系统应用技术标准
(泡沫玻璃板)

DG/TJ 08—2390C—2023
J 13339—2023

条 文 说 明

2024 上海

目　次

Contents

1 总 则

1.0.1 提高建筑节能工程的防火功能和使用耐久性，是我国建筑节能技术发展的需要。泡沫玻璃板是一种无机保温材料，不燃、耐久性好。该保温板系统在国内建筑节能中的应用已有一定的时间。编制单位结合其多年的工程实际经验，参考国内外相关标准，制定本标准。

1.0.2 《上海市禁止或者限制生产和使用的用于建设工程的材料目录(第五批)》(沪建建材〔2020〕539 号)中明确限制了本市薄抹灰外墙外保温系统的使用，故本标准仅适用于泡沫玻璃板保温系统及构造，包括内保温系统、屋面节能和楼地面节能，并不适用于泡沫玻璃板薄抹灰外墙外保温系统。内保温系统在既有建筑墙体节能改造(指不改变现有使用功能条件下的节能改造)中使用时，必须对旧墙面有完善的处理工序，应清除起壳的表面，补平凹陷部分，清洁浮灰、涂料，以确保系统与墙面可靠的结合。屋面保温施工应符合屋面保温技术标准的规定，绿化蓄水屋面应防止根系破坏作用。

1.0.3 本系统在节能工程应用的设计、施工与验收中，凡涉及国家、行业和本市相关标准或规定，应同时遵守标准或规定的要求，特别是其中的强制性条文，这是确保正确与安全使用的需要。在标准使用过程中，现行工程建设标准(包括强制性标准和推荐性标准)中有关规定与强制性工程建设规范的规定不一致的，以强制性工程建设规范的规定为准。

2 术 语

2.0.4 外墙内保温工程中非潮湿环境可以使用干粉状石膏基粘结材料，本条对粘结石膏的组成和用途进行了规定。

2.0.6 粉刷石膏是一种干粉状石膏基聚合物改性砂浆，并在现场加水搅拌后使用，石膏基聚合物改性砂浆不得用于外墙内保温工程中潮湿环境。

2.0.7 耐碱涂覆网布是采用经耐碱涂覆具有一定的耐碱性的玻璃纤维网布，其高分子涂覆层直接影响了网布的耐碱性。

3 系统及系统组成材料

3.1 一般规定

3.1.1 为了保证工程整体质量，防止因为材料的匹配性原因导致工程质量问题，故要求系统组成材料必须由系统产品供应商统一提供；供应商使用委外加工产品，应对其产品质量负责。

3.1.2 对内保温系统组成材料的放射性核素限量的规定。内保温系统组成材料均应满足现行国家标准《建筑材料放射性核素限量》GB 6566 中关于建筑主体材料的要求。

3.1.3 规定了数值修约规则。

3.2 性能要求

3.2.1 对内保温系统的技术性能要求。系统的吸水量、抹面层不透水性和防护层水蒸气渗透阻影响了系统在潮湿环境下的使用寿命，故对其在潮湿环境下使用时进行了要求。

3.2.2 对泡沫玻璃板的技术性能要求。泡沫玻璃板应满足现行行业标准《泡沫玻璃绝热制品》JC/T 647 中的相关要求。现市场上使用流通的泡沫玻璃外观质量基本满足标准要求，外观质量不满足要求的泡沫玻璃，可通过其他物理性能确认其产品质量，故本标准不再对外观质量进行要求；而泡沫玻璃板的尺寸偏差影响了最终保温系统的施工质量，从而影响系统整体的热工性能及表面平整度，故本标准仍对尺寸允许偏差进行要求。现有的泡沫玻璃生产工艺主要分为配方泡沫玻璃及回收废弃玻璃生产工艺，其制品密度对物理性能的影响相对较少，故本标准不再规定泡沫玻璃板密度的最小值指标，鼓励生产厂家通过改进配方，回收并提高废弃玻璃的使用率，降低泡沫玻璃制品密度同时提高其他物理性能，淘汰落后工艺产能。

3.2.3～3.2.7 对内保温系统的粘结层和抹面层组成材料的技术性能要求。其中，水泥基胶粘剂及抹面胶浆目前应用最为普遍。粘结石膏和粉刷石膏具有较高的粘结性能，可用于内保温系统，但不得应用于潮湿环境中。双组分聚氨酯胶粘剂或单组分改性沥青基胶粘剂主要用于瓦型屋面结构等基层线膨胀系数较大的特殊结构，保证泡沫玻璃板与基层在外界条件下产生不同线性膨胀后仍能有效粘结。

3.2.8 耐碱涂覆网布的网格对抹面胶浆的布胶会产生影响，网孔越密集，布胶越不均匀，系统饰面和保温层之间的粘结强度会降低，故耐碱涂覆网布的网孔不宜过小。本标准对耐碱涂覆网布的经纬密度进行了规定，并且增加了可燃物含量和碱金属氧化物含量的要求，保证耐碱涂覆网布的使用寿命。

3.2.9 在内保温系统中，锚栓圆盘应安装于耐碱涂覆网布外侧并与基层有效连接。为与行业标准一致，宜采用不小于60 mm直径圆盘。同时，规定了圆盘的强度标准值。锚栓抗拉承载力标准值是以普通混凝土为基层的值，其他基墙采用现场拉拔力最小值判断，更具可操作性。实心砌体规定同行业标准，其他砌体为多孔砖砌体、空心砌块砌体。

3.2.10 当泡沫玻璃保温与辐射供暖系统复合使用时，应使用钢丝网片保证复合效果。故对其性能进行要求。

3.2.11～3.2.13 对饰面砖柔性粘结剂、填缝剂及耐水腻子的要求。

3.2.14 对金属支撑盘的要求。金属支撑盘分为普通型及加强型，用于对泡沫玻璃板的增强。

3.3 包装与贮运

3.3.1 对系统组成材料与配件的包装要求。应在胶粘剂、粘结石膏、抹面胶浆、粉刷石膏等干粉料的包装袋上注明在现场搅拌的加水量，便于施工人员在现场制备砂浆时的掌握，有利于保证砂浆的性能以及质量的稳定性。

3.3.2 泡沫玻璃板虽有防水性，但其表面泡孔因切割加工破坏后变为开孔结构，易吸水蓄水；而干粉料保持干燥也十分重要。故在运输和贮存过程中，尤应防止包装破损。

3.3.3 规定相关产品的有效贮存期。为确保产品质量，原则上超过有效贮存期的产品不能使用。但为避免造成不必要的浪费，允许采用复检的方法以决定是否可用。而对已结硬块的干粉料再加水搅拌使用，其和易性、保水性差，硬化收缩性大，粘结强度降低，故严禁再用。其他未作规定材料的有效贮存期参照相关产品标准要求。

4 设 计

4.1 一般规定

4.1.1 规定本系统在墙体保温中的应用范围。泡沫玻璃板作为一种建筑保温制品，泡沫玻璃板保温系统可用于外墙内保温，屋面、瓦型钢板屋面构造、楼板（底层楼板和层间楼板）保温，冷库、滑雪场等地面保温系统。当用于雨水蓄水屋面时，需按相关技术标准要求进行设计。

4.1.2 对建筑节能保温系统及构造中保温材料的选型要求。内保温系统选用Ⅰ型泡沫玻璃板可具有较好的热工性能，在相同厚度下提供更大的热阻，保证系统的节能效果。压型金属板屋面对自重及承压设计有较高要求，且泡沫玻璃板与压型金属板屋面的粘结方式为点粘，对泡沫玻璃板具有较高要求，为了保证保温系统的自重及设计厚度，设计宜选用热工性能较好的Ⅰ型且密度不大于 120 kg/m^3 的泡沫玻璃板。

4.1.3 对基层墙体的处理进行要求，以保证最终保温节能工程质量。

4.1.4 用于防止建筑热桥产生。

4.1.5 防止内保温系统受内部基层墙体作用受力破坏。

4.1.6 石膏基材料包括石膏基复合的胶凝材料不应在湿润潮湿环境中使用。

4.2 内保温系统构造设计

4.2.1 明确内保温系统的构造层次与材料组成。

4.2.2 内保温系统的具体构造要求。

1 内保温系统设计厚度较小，自重较轻，一般采用粘结工艺满足其强度要求，但是需确保基层满足施工要求。金属托架的功能有别于底座托架，由于泡沫玻璃与基层粘结固化需要一定的时间，底座托架主要用于水平找平并保证首层泡沫玻璃的水平位置，方便后道施工，故底座托架不属于系统组件且不用固定于基层墙体，仅作为工艺使用，且当粘结层固化后可去除。而金属托架作为系统组成部件承担了高层的重力，故要求其必须固定于混凝土基层墙体中。在墙面高度较高的大型场馆中使用时宜采用金属托架辅助固定。

2～6 对内保温系统构造进行要求。内保温系统饰面种类较多，且应用场景较广，使用中需注意防水层处理，采用封闭型防水材料时需考虑整个房间的水蒸气透过性能。

4.2.5 内保温系统中对于室内梁、柱等热桥部位的处理要求，防止热桥部位冷凝，导致室内墙体霉变。

4.3 屋面节能构造设计

4.3.1 对泡沫玻璃板应用于屋面节能构造时的要求。屋面节能设计构造分正置式和倒置式。正置式是保温层设置在防水层的下面，而倒置式是保温层设置在防水层的上面。

4.3.2 当屋面节能构造需要使用胶粘剂及其他粘结剂时，胶粘剂的布胶面积宜不小于50%。对于某些异形屋面(如瓦型屋面等)无法达到布胶面积要求时，应根据实际工况设置布胶并对粘结强度进行计算。双组分聚氨酯胶粘剂或单组分改性沥青基胶粘剂的布胶面积根据实际工况和粘结强度计算进行设置布胶。布胶应使用条粘法或满粘法，不得使用点粘法以保证基层与泡沫玻璃板在发生位移变化时其粘结强度仍满足要求，使用中推荐使用大尺寸泡沫玻璃板。

4.3.4 当泡沫玻璃保温层表面平整度及坡度满足防水层施工要求时,可考虑不设置找平层或找坡层。

4.3.5 基层为压型金属板的节能构造中保护层加隔离层的种类较多,设计时应考虑不同材料与泡沫玻璃板的相容性。

4.3.8 种植屋面的保温构造设计要求。为防止植物根系在生长过程中穿刺防水层,一般在卷材、涂膜防水层上部应设置刚性保护层。

4.3.9 蓄水屋面一般为缓排水屋面,若增设集中蓄水池,应满足相关构造设计要求。

4.4 楼地面节能构造设计

4.4.1,4.4.2 楼地面保温构造设计,包括底层楼板、层间楼板(板上、板底)保温设计。泡沫玻璃板楼地面节能构造没有隔声作用,不能替代隔声设计,若需要对楼板有隔声需求,应另外设计相应构造。

4.4.3 当辐射供暖系统下层需要采用泡沫玻璃板作为保温层时,应为湿法设计,构造设计需同时满足辐射供暖系统相关要求。

4.5 热工设计

4.5.1 为确保设计建筑物墙体的节能保温满足规定,本系统用于民用建筑保温,其保温层厚度均应根据现行的建筑节能设计标准或本市的建筑节能要求经计算确定,对工业建筑应通过生产工艺要求经热工计算确定。有关计算方法和计算参数可参见现行国家标准《民用建筑热工设计规范》GB 50176 和现行上海市工程建设规范《居住建筑节能设计标准》DGJ 08—205,或采用相关的节能设计计算软件。

4.5.2 在进行建筑外墙热工设计时,泡沫玻璃板的导热系数和蓄热系数的设计计算值(λ_c、S_c)。其中 1.05 是考虑到保温层在应用状态具有一定的含湿量而对泡沫玻璃板导热系数(λ)和蓄热系数(S)指标值的修正系数。若行业标准有新的规定,应进行修改。倒置式屋面构造中考虑泡沫玻璃位于防水层上层,应设置至少 25 mm 的保护层用于保护防水层构造,故实际使用厚度进行热工设计后对设计厚度增加 25%使用,保温层的最小厚度不应小于 25 mm。

5 施 工

5.1 一般规定

5.1.1 施工前必要的工作。

5.1.2 本系统施工的技术依据。其中，设计文件需经审查合格，专项施工方案应经相关单位审批认可。

5.1.3 施工单位的要求。施工人员必须经过培训，为确保用料准确和工程质量，供应企业的专业人员必须在现场作全程指导并协助质量控制。

5.1.4 材料进场验收要求。

5.1.6 节能工程施工应具备的基本条件。包括基层墙体、水泥砂浆找平层以及门窗洞口的施工质量应先通过验收，施工机具和劳防用品应准备齐全，脚手架应通过安全检查，水泥砂浆找平层的强度、平整度和垂直度应符合要求等。

5.1.7 施工期间对环境温度和气候条件的要求。5℃以下的气温会使胶粘剂和护面砂浆强度增长缓慢。夏季高于35℃，烈日暴晒以及大风会使抹面层抹灰表面失水过快，不利于养护，并导致开裂；雨天施工不仅影响粘结，甚至可能冲刷墙面、屋面，造成抹灰层酥松脱落，从而严重危害工程质量。当然，在情况特殊和情况允许时，也可采取一定的遮阳、防风和防雨措施。

5.1.8 样板墙、样板间是施工质量控制的重要方面，样板墙应包含门窗及穿墙管等节点，通过样板作业，可以检验施工工艺与操作要求，能够发现问题并取得改进，为大面积的工程施工打下好基础。

5.1.9 泡沫玻璃板表面较脆且硬度较高并较锋利，碎屑对人体皮肤、呼吸系统有刺激作用，应重视对施工作业人员的职业健康保护，应戴手套和口罩施工。

5.1.10 材料进场时应进行见证取样并送相关检测机构进行复检，复检合格后方可现场使用，保证工程整体质量。

5.2 内保温系统施工工艺及要求

5.2.1 内保温系统节能施工应遵循的基本的作业程序。泡沫玻璃板铺设时应自下而上进行，故在铺设前应先挂基准线并安装底座托架；泡沫玻璃粘结剂及粘结石膏需要较长的凝结时间，故底座托架的作用是在粘结剂或粘结石膏作用前对泡沫玻璃板进行承托，防止泡沫玻璃板受重力作用发生滑移，保证整个工程的平整性及美观性，减少板材之间的缝隙，避免热桥产生。

5.2.2 基层墙体处理的作业与要求。蒸汽加压混凝土砌块本身吸水率较高但吸水速度较慢，故需要对其使用界面剂及干混薄层抹灰砂浆找平处理，提高后道工艺的粘结强度。

5.2.3 现场弹线应在建筑墙体阳角、阴角及其他必要处挂垂直基准线，在适当位置弹水平线，以控制泡沫玻璃板粘贴的垂直度和平整度。

5.2.4，5.2.5 内保温系统施工中泡沫玻璃板的粘贴作业与要求。泡沫玻璃板在运输过程中经过振动摩擦，会产生一定的浮灰影响粘结效果，故应先对板进行除灰。另勒脚底部安装底座托架，胶粘剂或粘结石膏的现场制备，粘贴面的布胶方法，墙角部位的交错咬合以及门窗洞口角部应整板裁割等很多要求都是保温板类系统施工的要求，不可忽视。门窗洞口四角不留板缝，是为防止角部开裂。另外，确保粘贴面积以及为克服墙体渗水，严格要求泡沫玻璃板与门窗框接口以及伸缩缝和穿墙管线等部位的密封处理，更是保证工程质量的重要环节。泡沫玻璃板在外力重击下易碎裂，故在使用橡皮锤轻击时应注意防止敲碎泡沫玻璃板材。

5.2.6 抹面层施工的作业与要求。包括抹面层施工应再对泡沫玻璃板的全部抹灰面做好表面处理;锚栓安装在网格材料的外侧;耐碱涂覆网布的铺设应做好搭接或对接,门窗外侧洞口周边和四角的小块耐碱涂覆网布应在大面积施工前先行粘贴等。在本系统中,锚栓的安装作业十分重要,应先弹好控制线,圆盘表面应平整并压于耐碱涂覆网布表面。

5.2.7 饰面层施工的作业与要求。本系统的饰面层材料采用涂料。刚性腻子在干湿作用和夏季墙面昼夜很大的温差时易使表面产生裂缝,故不应使用。

5.2.8 施工保护措施,避免损坏施工面。如有污损应及时修整;墙面预留孔应妥善修补。

5.3 屋面节能施工要求

5.3.1 屋面节能施工要求。泡沫玻璃板屋面保温施工环境条件应符合规定。

5.3.2 当泡沫玻璃板与屋面基层采用粘贴工艺时,其粘结面积不宜小于50%,对于某些异形屋面(如瓦型屋面等)无法达到布胶面积应不小于50%要求时,可根据实际工况及强度计算设置布胶,布胶应使用条粘法或满粘法,不得使用点粘法。

5.3.3～5.3.5 屋面防水施工注意事项。

5.4 楼地面节能施工要求

5.4.1～5.4.3 泡沫玻璃板用于楼地面楼板节能时的施工要求。

6 质量验收

6.1 一般规定

6.1.1 明确本系统节能工程质量验收时应符合的标准。

6.1.2 是现行国家标准《建筑节能工程施工质量验收标准》GB 50411 规定的节能工程质量验收的程序性规定。

6.1.3 明确节能工程竣工验收应提供的资料。

6.1.4～6.1.9 对工程验收的检验批划分及隐蔽工程验收进行要求。其中，验收批次的面积应为扣除门窗洞口后的墙体面积及扣除天窗、采光顶的屋面面积。

6.2 内保温系统

Ⅰ 主控项目

6.2.1 为了保证墙体节能工程质量，需要先对基层墙体进行处理，然后进行保温层施工。基层处理对保证系统的安全很重要，因为基层处理属于隐蔽工程，施工中可能被忽略，事后无法检查。本条强调对基层处理应按照设计以及本标准和施工方案的要求进行，以满足保温层施工工艺的需要，并规定施工中应全数检查，验收时则应核查隐蔽工程验收记录。

6.2.2 材料与配件的品种、规格应符合设计和本标准的规定，不能随意改变和替代。在材料、配件进场时应通过目视和尺量、称重等方法检查，并对其质量证明文件进行核查确认。是现行国家标准《建筑节能工程施工质量验收标准》GB 50411 对节能工程施工质量验收的主控项目之一。当能够证实多次进场的同种材料属于同一生产批次时，可按该材料的出厂检验批次和抽样数量进行检查；如果发现问题，应扩大抽查数量。材料的质量证明文件包括产品质量保证书、出厂合格证和性能检测报告。

6.2.3 泡沫玻璃板、胶粘剂、抹面胶浆、粘结石膏和粉刷石膏、锚栓和耐碱涂覆网布等性能直接关系到工程的节能效果和使用质量，故除了核查质量证明文件外(包括型式检验报告)，还应对条文所规定的几项性能作进场复验，需要核查进场复验报告，进场复验需要见证取样送检。

6.2.4 为确保节能效果，在工程中使用的泡沫玻璃板的厚度应予保证，不得有负偏差。确保系统的整体性、安全性和使用质量的需要，也是现行国家标准《建筑节能工程施工质量验收标准》GB 50411 对保温板材用于墙体节能工程质量验收的主控项目和强制性条文。

6.2.5 泡沫玻璃板粘结质量同样影响工程的安全性，故应对泡沫玻璃板与基层墙体的粘接性能进行现场粘结强度拉拔测试。

6.2.6 锚栓的使用是外墙外保温系统重要的组成部分，关系到系统的整体性、安全性和使用质量，是本系统在墙体节能工程中的验收重点。其中，锚栓应在现场进行拉拔力检验。

Ⅱ 一般项目

6.2.7 系统组成材料与配件如外观损坏和包装破损，可能影响材料与配件的性能与应用，如包装破损后材料受潮、构件出现裂缝等，应引起重视，以确保系统各组成材料和构件符合产品质量要求。

6.2.8 耐碱涂覆网布的铺设对泡沫玻璃板外墙内保温系统的质量十分重要，必须严格控制网的铺设按照施工工序要求完成，并保证合理的间隔时间，具有足够的搭接长度。

6.2.9 规定本系统在墙体节能工程施工中系统饰面层的允许偏差和检验方法。

附录 A　体积吸水率试验方法

上海市《关于加强本市外墙外保温系统和材料使用管理的通知》(沪建建材〔2021〕586 号)和《建筑外墙保温材料应用统一技术规定》(沪建建材〔2023〕339 号)均对保温材料的体积吸水率项目进行了规定,但目前还未有相关的检测方法标准,故本标准以附录形式提出。